Juli 1955

Nachtrag

zur

Amtlichen Liste der Seeschiffe der Bundesrepublik Deutschland

mit

Unterscheidungssignalen

vom Jahre 1955,

herausgegeben vom

Bundesminister für Verkehr.

VERLAG WALTER DE GRUYTER & CO., BERLIN W 35, GENTHINER STR. 13

A. Nachtrag zur Liste der Kauffahrteischiffe (Abschnitt a)

1. Neueintragungen

a) In der Reihenfolge der Unterscheidungssignale/Funkrufzeichen

DCAK—DEFS

Seite	Unter-scheidungs-signale	Namen der Schiffe	Heimathafen der Schiffe	Kubikmeter Nettoraumgehalt	Registertons Nettoraumgehalt	PS
6/125	DCAK	Overstolz vom Rhein	Köln	88,7	31,30	300
7/127	*DCCL*	Rita	Haren/Ems	299,9	105,86	200
8/121	DCDB	Maria-Lena	Haren/Ems	260,2	91,85	100
8/111	DCDE	Heimat	Neuharlingersiel	15,1	5,34	145
8/113	DCDF	Hertha I	Norderney	15,7	5,53	125
8/109	DCDI	G. M. Daneker	Emden	385,5	136,07	600
8/127	DCDN	Rudolph Wendt	Leer	401,1	141,58	750
8/116	*DCDP*	Johann Schulte	Emden	385,5	136,07	600
8/115	*DCDR*	Jann Saathoff	Emden	387,9	136,93	600
18/120	DDDL	Makrele	Wilhelmshaven	63,8	22,52	120
20/130	*DDKZ*	Stadland	Brake	583,8	206,09	520
20/115	DDLA	Joan	Brake	337,7	119,21	110
26/95	*DEFI*	Adria	Bremen	4820,4	1701,60	2500
26/100	*DEFJ*	Brandenburg	Bremen-Vegesack	408,7	144,26	600
26/127	*DEFK*	Sachsen	Bremen-Vegesack	408,7	144,26	600
26/128	*DEFM*	Schlesien	Bremen-Vegesack	408,7	144,26	600
26/131	*DEFN*	Thetis	Bremen	364,1	128,54	500
26/131	*DEFO*	Theseus	Bremen	330,2	116,56	500
26/122	*DEFP*	Mecklenburg	Bremen-Vegesack	408,7	144,26	600
26/126	*DEFR*	Pommern	Bremen-Vegesack	408,7	144,26	600
26/126	*DEFS*	Pirol	Bremen	1271,0	448,67	590

DEFT—DIKG

Seite	Unter-scheidungs-signale	Namen der Schiffe	Heimathafen der Schiffe	Kubik-meter Nettoraumgehalt	Register-tons Nettoraumgehalt	PS
26/104	*DEFT*	Elisabeth	Bremen	1400,4	494,36	1000
27/106	*DEOB*	Flachsee	Bremerhaven		602	1020
27/120	*DEOC*	Malangen	Bremerhaven	738,3	260,63	1000
27/113	*DEOF*	Hermann Krause	Bremerhaven	743,4	262,42	1000
27/113	*DEOG*	Hermann Ahlers .	Bremerhaven	745,6	263,21	880
27/117	*DEOJ*	Karlsburg	Bremerhaven	750,4	264,89	1000
33/131	DFMX	Taucher O. Wulf IV ...	Cuxhaven	180,6*	63,67*	290
33/101	*DFMY*	Catharina Müller .	Cuxhaven	520,4	183,69	1000
34/113	*DFTM*	Hermann Elsen ..	Stade	376,9	133,06	290
34/115	*DFTN*	Jan Suhr	Stade	510,1	180,07	300
64/100	*DIIU*	Cap Frio	Hamburg	9606,1	3390,96	7200
64/102	*DIIV*	Congo	Hamburg	6076,0	2144,82	2700
64/104	*DIIW*	Ellen M	Hamburg	341,4	120,50	300
64/104	DIIX	Else	Hamburg	59,5	21,02	120
64/126	DIIY	Quartett	Hamburg	4523,1	1596,66	5340
64/122	DIIZ	Michel	Hamburg	461,7*	162,98*	1140
64/111	DIJB	Hasselwerder	Hamburg	599,8	211,73	300
64/118	*DIJC*	Klaus Leonhardt	Hamburg	9671,4	3414,00	3500
64/106	DIJD	Falke	Hamburg	25,2	8,91	300
64/131	*DIJE*	Theresia Russ....	Hamburg	1182,1	417,29	1500
64/118	*DIJF*	Klaus...........	Hamburg	2463,4	869,59	1250
64/125	*DIJG*	Pagensand	Hamburg	2746,88	987,94	1200
64/108	*DIJH*	Geert Howaldt...	Hamburg	8735,4	3083,61	4000
64/122	*DIJI*	Mica Sauber	Hamburg	937,7	331,0	650
64/126	DIJJ	Portunus	Hamburg	4647,8	1640,67	5140
64/124	*DIJK*	Nordkap	Hamburg	447,7	158,03	300
64/115	*DIJL*	Jörn Witt	Hamburg	1110,2	391,89	600
64/102	*DIJM*	Commerz........	Hamburg	9266,4	3271,06	3360
64/123	DIJO	Nord	Hamburg	97,2*	34,32*	250
64/133	*DIJP*	Wappen von Hamburg	Hamburg	3245,1	1145,54	5×1200
64/132	*DIJQ*	Voline	Hamburg	615,4	217,23	300
64/118	DIJR	Kondor	Hamburg	351,1*	47,68*	275
64/116	*DIJS*	John Schröder ...	Hamburg	1905,6	672,66	1650
64/102	*DIJT*	Ditmar Koel	Hamburg	11425,4	4033,16	2500
64/114	*DIJU*	Horncap	Hamburg	4360,3	1539,18	5340
64/111	*DIJV*	Hedwig Henning .	Hamburg	621,0	219,23	300
64/121	*DIJW*	Marschenland ...	Hamburg	417,0	147,20	280
64/109	*DIJX*	Gilda	Hamburg	450,1	158,89	300
64/111	DIJY	Heidenau	Hamburg	368,9	130,23	300
64/109	*DIJZ*	Gisela Essberger .	Hamburg	857,4	302,66	520
64/106	*DIKA*	Esso Hamburg ...	Hamburg	28172,6	9944,94	12700
64/126	DIKB	Plato	Hamburg	525,7	185,57	300
64/114	*DIKC*	Hunneberg	Hamburg	1946,3	687,03	1250
64/131	*DIKD*	Ulanga	Hamburg	6133,8	2165,23	3800
64/100	*DIKE*	Cap Norte	Hamburg	10628,9	3751,99	7200
64/100	*DIKF*	Brunshausen	Hamburg	4586,0	1618,85	5140
64/106	*DIKG*	Faust	Hamburg	18870,8	6661,39	6500

* = Bruttoraumgehalt

Seite	Unterscheidungssignale	Namen der Schiffe	Heimathafen der Schiffe	Nettoraumgehalt Kubikmeter	Nettoraumgehalt Registertons	PS
64/113	*DIKH*	Henry Böge	Hamburg		1138	1200
64/126	*DIKI*	Quo vadis	Hamburg	480,4	169,58	280
64/118	*DIKJ*	Klaus Block	Hamburg	609,7	215,24	300
64/122	*DIKK*	Millerntor	Hamburg	8890,4	3138,30	4000
64/106	*DIKL*	Esso Frankfurt ..	Hamburg	28227,4	9964,26	12500
64/128	DIKM	Saturn	Hamburg	35,2	12,41	300
64/126	*DIKN*	Ravensberg	Hamburg	3592,2	1395,11	3600
68/114	DIYR	Hinrich Koppelmann	Schulau	412,5	145,62	300
68/97	*DJAW*	Annik	Flensburg	2048,9	723,99	1100
73/103	DJJY	Eiderstedt.......	Tönning	10,6	3,75	75
73/132	DJKJ	Volker	Büsum..........	10,8	3,81	50
73/127	DJKS	Rudolf Engels ...	Büsum..........	59,2	20,89	150
73/124	DJKV	Nordwest	Maasholm	16,7	5,91	120
74/106	DJLQ	Forelle	Pellworm	6,2	2,17	50
74/128	DJLY	Sandshörn.......	Husum	13,9	4,93	36
79/113	DJXB	Hella	Haffkrug	63,6	22,44	150
79/116	DJXG	Jutta	Lübeck-Travemünde	63,5	22,43	150
79/111	DJXH	Hans Peter	Lübeck-Travemünde	65,3	23,05	150
80/116	*DJYT*	Johannes........	Lübeck	528,8	185,62	300
80/97	DJZD	Anke II	Glückstadt	61,9	21,85	150
80/101	DJZG	Christine	Großenbrode	17,3	6,10	125
80/132	*DJZR*	Ursula Heinemeier	Lübeck	1354,8	478,24	900
83/121	DKFG	Marlies	Rendsburg	605,9	213,88	150
84/133	DKIZ	Werner Martin Krüger	Heikendorf	46,1	16,27	180
86/109	DKMC	Glückauf II	Düsseldorf	67,5	23,85	300
86/109	DKQA	Gertrud	Heikendorf	40,5	14,29	150
86/130	*DKQB*	Süderholm	Kiel	4284,0	1512,27	2430
86/133	DKQC	Wangenstein	Strande	56,1	19,81	125
86/126	*DLAA*	Ravenstein	Bremen	12989,4	4585,27	12000
86/128	*DLAB*	Schütting	Bremen	8698,0	3070,39	5400
86/109	*DLAD*	Gertrud.........	Bremen	4711,7	1663,22	2500
86/101	*DLAE*	Casablanca	Bremen	5160,7	1821,73	2520
86/106	*DLAF*	Fink............	Bremen	1225,7	432,66	590
86/126	*DLAH*	Renata Schröder .	Bremen	5541,1	1956,01	1650
86/127	*DLAK*	Rothenstein	Bremen	12628,9	4457,99	12000
86/102	*DLAL*	Clivia	Bremen	10619,0	3748,51	3920
86/95	*DLAM*	Adolf Vinnen	Bremen	7448,8	2629,42	3000
86/118	*DLAN*	Klosterfrau	Bremen	950,2	335,42	1250
86/107	*DLAO*	Franz Doerenkamp	Bremen	950,2	335,42	1250
86/133	*DLAP*	Werner Vinnen ..	Bremen	8604,7	3037,45	3360
86/129	*DMBK*	Seven Seas	Bremen	23863,8	8423,92	8500

b) In alphabetischer Reihenfolge der Namen

Unter-scheidungs-signale	Namen der Schiffe	Heimathafen
DLAM	Adolf Vinnen	Bremen
DEFI	Adria	Bremen
DJZD	Anke II	Glückstadt
DJAW	Annik	Flensburg
DEFJ	Brandenburg	Bremen-Vegesack
DIKF	Brunshausen	Hamburg
DIIU	Cap Frio	Hamburg
DIKE	Cap Norte	Hamburg
DLAE	Casablanca	Bremen
DFMY	Catharina Müller	Cuxhaven
DJZG	Christine	Großenbrode
DLAL	Clivia	Bremen
DIJM	Commerz	Hamburg
DIIV	Congo	Hamburg
DIJT	Ditmar Koel	Hamburg
DJJY	Eiderstedt	Tönning
DEFT	Elisabeth	Bremen
DIIW	Ellen M	Hamburg
DIIX	Else	Hamburg
DIKL	Esso Frankfurt	Hamburg
DIKA	Esso Hamburg	Hamburg
DIJD	Falke	Hamburg
DIKG	Faust	Hamburg
DLAF	Fink	Bremen
DEOB	Flachsee	Bremerhaven
DJLQ	Forelle	Pellworm
DLAO	Franz Doerenkamp	Bremen
DIJH	Geert Howaldt	Hamburg
DKQA	Gertrud	Heikendorf
DLAD	Gertrud	Bremen
DIJX	Gilda	Hamburg
DIJZ	Gisela Essberger	Hamburg
DKMC	Glückauf II	Düsseldorf
DCDI	G. M. Daneker	Emden
DJXH	Hans Peter	Lübeck-Travemünde
DIJB	Hasselwerder	Hamburg
DIJV	Hedwig Henning	Hamburg
DIJY	Heidenau	Hamburg
DCDE	Heimat	Neuharlingersiel
DJXB	Hella	Haffkrug
DIKH	Henry Böge	Hamburg
DEOG	Hermann Ahlers	Bremerhaven
DFTM	Hermann Elsen	Stade
DEOF	Hermann Krause	Bremerhaven
DCDF	Hertha I	Norderney
DIYR	Hinrich Koppelmann	Schulau
DIJU	Horncap	Hamburg
DIKC	Hunneberg	Hamburg

Unterscheidungssignale	Namen der Schiffe	Heimathafen der Schiffe
DFTN	Jan Suhr	Stade
DCDR	Jann Saathoff	Emden
DDLA	Joan	Brake
DIJL	Joern Witt	Hamburg
DJYT	Johannes	Lübeck
DCDP	Johann Schulte	Emden
DIJS	John Schröder	Hamburg
DJXG	Jutta	Lübeck-Travemünde
DEOJ	Karlsburg	Bremerhaven
DIJF	Klaus	Hamburg
DIKJ	Klaus Block	Hamburg
DIJC	Klaus Leonhardt	Hamburg
DLAN	Klosterfrau	Bremen
DIJR	Kondor	Hamburg
DDDL	Makrele	Wilhelmshaven
DEOC	Malangen	Bremerhaven
DCDB	Maria-Lena	Haren/Ems
DKFG	Marlies	Rendsburg
DIJW	Marschenland	Hamburg
DEFP	Mecklenburg	Bremen-Vegesack
DIJI	Mica Sauber	Hamburg
DIIZ	Michel	Hamburg
DIKK	Millerntor	Hamburg
DIJO	Nord	Hamburg
DIJK	Nordkap	Hamburg
DJKV	Nordwest	Maasholm
DCAK	Overstolz vom Rhein	Köln
DIJG	Pagensand	Hamburg
DEFS	Pirol	Bremen
DIKB	Plato	Hamburg
DEFR	Pommern	Bremen-Vegesack
DIJJ	Portunus	Hamburg
DIIY	Quartett	Hamburg
DIKI	Quo vadis	Hamburg
DIKN	Ravensberg	Hamburg
DLAA	Ravenstein	Bremen
DLAH	Renata Schröder	Bremen
DCCL	Rita	Haren/Ems
DLAK	Rothenstein	Bremen
DJKS	Rudolf Engels	Büsum
DCDN	Rudolph Wendt	Leer
DEFK	Sachsen	Bremen-Vegesack
DJLY	Sandshörn	Husum
DIKM	Saturn	Hamburg
DEFM	Schlesien	Bremen-Vegesack
DLAB	Schütting	Bremen
DMBK	Seven Seas	Bremen
DDKZ	Stadland	Brake
DKQB	Süderholm	Kiel
DFMX	Taucher O. Wulf IV	Cuxhaven
DIJE	Theresia Russ	Hamburg

Unter-scheidungs-signale	Namen der Schiffe	Heimathafen der Schiffe
DEFO	Theseus	Bremen
DEFN	Thetis	Bremen
DIKD	Ulanga	Hamburg
DJZR	Ursula Heinemeier	Lübeck
DIJQ	Voline	Hamburg
DJKJ	Volker	Büsum
DKQC	Wangenstein	Strande
DIJP	Wappen von Hamburg	Hamburg
DKIZ	Werner Martin Krüger	Heikendorf
DLAP	Werner Vinnen	Bremen

2. Streichungen

DABR—DETZ

Seite	Unter-scheidungs-signale	Namen der Schiffe	Heimathafen der Schiffe
1/99	DABR	Baumwall	Hamburg
1/102	DACR	Delphin	Hamburg
4/128	DAJP	Schulau	Kappeln/Schlei
4/134	DAKD	Willy Joerk	Hamburg
5/128	DANV	Schleswig-Holstein	Strande
8/100	DCDI	Capella	Neuharlingersiel
8/102	DCEB	Delphin	Neuharlingersiel
8/102	DCEG	Dina	Warsingsfehn
8/105	DCFK	Emsland	Haren/Ems
9/109	DCHM	Gesine	Oldersum
10/116	DCJY	Johanne	Neuharlingersiel
11/121	DCMD	Maria Lina	Haren/Ems
12/124	DCNS	Odin	Flensburg
14/133	DCRR	Wilhelmina	Leer
14/129	DCSN	Sophie Wessels	Emden
14/113	DCSW	Hermann	Haren/Ems
18/117	DDDH	Käthe	Wilhelmshaven
18/107	DDFX	Franz Ohlrogge	Brake
19/111	DDGQ	Hans Hermann	Brake
19/120	DDHY	Margarethe	Brake
20/130	DDJD	Stina	Brake
20/96	DDMV	Alk	Bremen-Vegesack
21/124	DDPB	Nr. 94	Bremen
21/124	DDPT	Nr. 167	Bremen
22/126	DDQC	Reiher	Bremen-Vegesack
22/129	DDQI	Sperling	Bremen-Vegesack
22/130	DDQK	Stieglitz	Bremen-Vegesack
22/134	DDQV	Wotan	Bremen-Vegesack
23/100	DDSY	Bogota	Bremen
27/120	DEPX	Makrele	Oldenburg
28/123	DERY	Nei-Ut	Wremen
29	DETI	Holger	Bremerhaven
29/113	DETZ	Hella	Haffkrug

DFJH—DMDS

Seite	Unterscheidungssignale	Namen der Schiffe	Heimathafen der Schiffe
32/128	DFJH	Seeadler	Otterndorf
38/97	DGCR	Anne-Lene	Leer
44/110	DGMW	Gudrun V	Hamburg
46/116	DGSD	John	Hamburg
48/121	DGWA	Mariechen	Hamburg
51/129	DHBF	Sextant	Bremen
51/121	DHBL	Mars	Hamburg
54/109	DHHQ	Gloria L	Hamburg
55/117	DHJP	Kapt. Wilh. Joerk	Hamburg
57/126	DHMW	Pleugerpumpe 2	Hamburg
61/131	DICI	Terror	Hamburg
64/132	DIIH	Unitas IX	Hamburg
67/123	DIWL	Neuruppin	Glückstadt
69/114	DJDB	Hugo Boettger	Flensburg
70/96	DJEA	Alma	Hamburg
79/98	DJWH	Atalanta II	Elsfleth
86/132	DMDS	Uranus	Hamburg

3. Sonstige Veränderungen*)

DACW—DLAI

Seite	Unterscheidungssignale	Namen der Schiffe		Heimathafen der Schiffe
1/103	DACW	Drossel	**Sottorf**	**Hamburg**
3/104	DAGO	Elisabeth	**Louise**	Lübeck
3/130	DAGU	Sturmmöve	**Volksdorf**	**Hamburg**
3/124	DAID	Nordlicht	**Jakob Müller**	**Cuxhaven**
3/124	DAIE	Nordmark	**Fanal**	**Kiel**
6/110	**DEFL**	Gulosenfjord		Bremen
12/126	DCOG	Preußen		**Oldenburg**
16/123	DCWP	Moormerland	**Leonore**	Leer
17/112	DDBB	Helene Margarethe	**Fortuna II**	Neuharlingersiel
18/117	DDDJ	Kehrwieder	**Rita**	**Kiel**
18/108	DDGE	Garneele		**Bensersiel**
19/114	DDHB	Hoffnung		**Haren/Ems**
21/98	DDPP	Asta Siemering	**Marie Fisser**	Emden
22/126	DDRG	Rebecka E	**Poel**	Hamburg
22/124	DDRP	Nordstern	**Claus**	**Lübeck**
22/124	DDRT	Nr. 1		**Hamburg**
22/124	DDRV	Nr. 11		**Hamburg**
25/106	DECQ	Eva Arlt	**Gedania**	**Hamburg**
25/107	**DLAC**	Frauenfels		Bremen
26/115	**DLAG**	Jason		Bremen
25/129	**DLAI**	Soneck		Bremen

*) Die eingetretenen Änderungen sind durch fetten Druck gekennzeichnet.

DLAJ—DJJX

Seite	Unterscheidungssignale	Namen		Heimathafen
		der Schiffe		
26/131	**DLAJ**	Travestein	....	Bremen ....
26/113	**DLAQ**	Hessenstein	....	Bremen ....
27/104	DEOH	Elfriede	....	**Hamburg** ....
27/111	DEPI	Hans Hein	....	**Heikendorf** ....
27/124	DEQK	Nordsee	**Dieter**	Kiel ....
28/130	DERA	Sylt	**Henny**	**Cuxhaven** ....
28/122	DESK	Milda	**Gneisenau**	**Lübeck-Travemünde** ....
29/115	*DETF*	Inge	....	**Heiligenhafen** .....
31/110	DFGU	Gretl	**Nei-Ut**	**Wremen** ....
31/121	DFIE	Marie	**Verena**	**Friedrichskoog** ....
32/119	DFKY	Liesel Denker	**Martha Hermine** ...	Cuxhaven ....
32/129	DFKZ	Seeteufel	....	**Bremen** ....
35/104	DFVP	Else Marie	....	**Heiligenhafen** .....
35/114	DFWE	Hoffnung	**Elke-Marie**	**Krautsand** ....
36/132	DFXZ	Venus	....	**Oberndorf** ....
38/100	DGBN	Birte Hugo Stinnes	....	**Kiel** ....
38/97	DGCB	Anna	**Mittelrhein**	**Emden** ....
41/105	DGHY	Emma Dierks	**Marina**	Hamburg ....
41/105	DGIE	Enz	**Gerd**	Hamburg ....
42/121	DGJV	Marie Allwardt	**Fleiss**	Hamburg ....
43/109	DGMO	Grete	**Reinhard I**	Hamburg ....
44/110	DGMY	Günther	**Bernd**	Hamburg ....
45/114	DGQG	Hinrich Kiehn	**Leichter IV**	Hamburg ....
45/100	DGQJ	Bugsier 6	**Schulau**	Hamburg ....
46/115	DGRC	Irma-Marie	**Mariechen II**	Hamburg ....
46/115	DGRD	Irma Rolf	**Emma Sell**	**Kiel** ....
47/117	DGSQ	Käte Oltmann	**Elise Oltmann**	Hamburg ....
47/119	DGUE	Lisa	....	**Wischhafen** ....
49/122	DGXM	Meteor	....	**Husum** ....
49/122	DGXU	Möve	**Antje-Marie**	**Neufeld** ....
50/124	DGYS	Nymphe	....	**Wilhelmshaven** ...
52/125	**DGAD**	Paula Vogelsang ...	....	Hamburg ....
52/131	DHCQ	Toni	**Pionier**	**Bensersiel** ....
52/134	DHEG	Woterküken	....	**Büsum** ....
53/133	DHFI	West	....	**Hamburg** ....
53/112	DHFK	Helgoland	....	**Husum** ....
54/109	DHHO	Gretchen von Allwörden	....	**Osten** ....
57/98	DHND	Antje	....	**Heiligenhafen** .....
64/100	DIHX	Bugsier 15	**Stade**	Hamburg ....
65/105	DISG	Erna	....	**Emden** ....
66/120	DIUF	Margarethe	....	**Cuxhaven** ....
68/127	**DFRP**	Sabine	....	Uetersen ....
68/97	DIYH	Anke	....	**Niendorf** ....
69/132	DJBW	Uthlande	**Kapitäne Christiansen**	Wyk/Föhr ....
70/98	DJEH	Annemarie	....	**Friedrichskoog** ....
73/130	DJJX	Störtebecker	....	**Friedrichskoog** ....

DJMS—DENY				
Seite	Unter-scheidungs-signale	Namen		Heimathafen
		der Schiffe		
74/95	DJMS	Adler II	**Wik**	**Kiel**
74/104	DJNE	Elfriede	**Bussard II**	**Büsum**
76/133	DJQZ	Wilhelm	**Käte Oltmann**	**Hamburg**
78/118	DJVT	Lab 7	**Günter**	**Büsum**
79/103	DJWT	Dora		**Burgstaaken**
79/105	DJXE	Emma	**Hedwig**	Lübeck-Travemünde
79/111	DJYC	Hedwig	**Gretchen I**	Lübeck-Travemünde
80/123	DJZI	Neu 31	**Renate II**	Neustadt/Holstein
81/123	DKBI	Nie 26	**Germania II**	**Neustadt/Holstein**
81/119	DKBK	Lucie	**Pfadfinder**	Niendorf
81/100	DKCW	Bürgermeister Kuphal	**Gertrud-Marta**	Kiel
81/98	DKDB	Archsum	**Magdalena Reith**	**Hamburg**
84/100	DKIT	Bleibtreu		**Heiligenhafen**
84/109	DKJB	Glück Auf I	**Navico I**	**Hamburg**
84/98	DKJG	Anni		**Laboe**
84/122	DKJT	Melilla		**Hamburg**
85/128	DKLE	Seeadler		**Heikendorf**
85/101	**DJXD**	Christoffer Oldendorff		Lübeck
86/132	**DFMW**	Uta		Cuxhaven
86/130	**DJXM**	Sturmvogel		Heiligenhafen
86/132	**DJYG**	Venus		Lübeck-Travemünde
86/102	**DJYR**	Columbus		Lübeck-Travemünde
86/114	**DJYS**	Hoffnung		Lübeck-Travemünde
86/132	**DJZM**	Vineta		Lübeck-Travemünde
96	DKIF	Alexandra Sartori		Kiel
135	DENY	Aldebaran		Bremerhaven

B. Nachtrag zur Liste der Bundes- und Länderfahrzeuge (Abschnitte b und e)

Seite	Unter-scheidungs-signale	Namen der Schiffe	Art der Schiffe	Heimathafen der Schiffe	PS
		1. Neueintragungen			
87	DBAB	Hermann Apelt *T* .	....	Helgoland	1850
92	DBHT	Flemhude *T*	Schlepper	Kiel...........	350
92	DBHU	Uwe Jens Lornsen *T*	Aufsichts- und Bereisungsschiff .	Amrum........	220
93	DBLL	Nord *TD*	Vermessungsschiff .	Bremerhaven...	430
93	DBPF	Emshörn	Schlepper und Eisbrecher	Emden	50/700
93	DBQT	Memmert *T*.......	Bereisungsschiff ...	Norddeich	90
		2. Streichungen			
90	DBCN	Prinz Adalbert	Lotsenschoner	Bremerhaven...	180
91	DBED	Nord	Schlepper	Bremerhaven...	120

3. Sonstige Veränderungen

Seite	Unter-scheidungs-signale	Namen der Schiffe		Heimathafen der Schiffe
92	DBFZ	Reichsbahn	....	**Fehmarnsund**
93	**DBPG**	Schillig	Betonnungs- und Vermessungsfahrzeug ..	Wilhelmshaven
93	**DBQU**	Eitzenbalje	Transportschute	Cuxhaven

FSC
www.fsc.org
MIX
Papier | Fördert gute Waldnutzung
FSC® C083411

Kolibri 360 GmbH
Ferdinand-Jühlke-Straße 7
99095 Erfurt, Deutschland
produktsicherheit@kolibri360.de